Jean Bosco Shingiro

Avaliação da qualidade das variedades de arroz introduzidas no Ruanda

Jean Bosco Shingiro

Avaliação da qualidade das variedades de arroz introduzidas no Ruanda

ScienciaScripts

Cover image: www.ingimage.com

This book is a translation from the original published under ISBN 978-3-659-85526-9.

Publisher:
Sciencia Scripts
is a trademark of
Dodo Books Indian Ocean Ltd. and OmniScriptum S.R.L publishing group

120 High Road, East Finchley, London, N2 9ED, United Kingdom
Str. Armeneasca 28/1, office 1, Chisinau MD-2012, Republic of Moldova, Europe
Managing Directors: Ieva Konstantinova, Victoria Ursu
info@omniscriptum.com

Printed at: see last page
ISBN: 978-620-8-40168-9

Índice:

Resumo

Atualmente, o Ruanda está a apostar no arroz como uma das culturas alimentares estratégicas selecionadas para alimentar a sua população. O arroz (*Oryza sativa L.*) é um dos alimentos básicos para mais de metade da população mundial. É reconhecido como uma fonte de amido na dieta e é geralmente consumido como um grão inteiro ou como um ingrediente de farinha. Geralmente, após a colheita, o arroz em bruto ou paddy é transformado com o objetivo de produzir arroz bem branqueado, essencialmente isento de farelo e contendo uma quantidade mínima de grãos partidos. As cascas do arroz em bruto são removidas para obter arroz integral, que é depois moído para remover a sêmea e, assim, obter arroz branqueado.

A qualidade do grão de arroz é influenciada por caraterísticas físicas e químicas que podem ser genéticas ou adquiridas. As propriedades físico-químicas do arroz determinam as qualidades de moagem, cozedura, nutrição e alimentação, que podem variar muito consoante a variedade e, por conseguinte, influenciar o valor comercial. Os factores mais importantes que os melhoradores de plantas têm de considerar no desenvolvimento de novas variedades de arroz são a qualidade e o rendimento do grão. Assim, este estudo foi realizado com o objetivo de avaliar as caraterísticas físicas e químicas, as qualidades culinárias e alimentares de dezassete variedades melhoradas de arroz que foram introduzidas no Ruanda. Quatro variedades existentes que são as mais apreciadas pelos consumidores foram incluídas neste estudo como controlos.

As amostras de arroz foram analisadas no que respeita às dimensões dos grãos, como o tamanho, a largura e a forma; às qualidades de moagem, como o grau de moagem, a recuperação da moagem, a recuperação do arroz de cabeça; e às qualidades de cozedura, como a temperatura de gelatinização e a consistência do gel.

Os resultados mostraram que o comprimento médio do arroz das variedades estudadas variava entre 7,41 mm e 10,01 mm. Todas as variedades foram classificadas na categoria de grãos muito longos, exceto a Yun Yine e a Zhong geng. A forma do grão situava-se entre 2 e 3,7, e mais de metade das variedades estudadas tinham uma forma delgada. O teste de moagem aplicado às novas variedades resultou numa recuperação de moagem que varia entre 65,86 % (UL 42) e 71,35 % (DHL 203). O arroz de cabeça para todas as variedades variou entre 28,86 % (Zhong geng) e 68,15 % (DHL 203), mas a maioria das novas variedades tinha mais de 60 % de arroz de cabeça, o que é um indicador importante de arroz de boa qualidade em termos de rendimento. Neste estudo, verificou-se que o arroz de cabeça estava positivamente correlacionado com o comprimento do arroz (r= +0,468) e também com a forma do arroz (r= +0,592). A temperatura de gelatinização elevada, que corresponde a um tempo de cozedura mais longo, foi encontrada na maioria das variedades testadas.

Em conclusão, as novas variedades de arroz demonstraram possuir boas caraterísticas de qualidade, importantes para as operações de pós-colheita do arroz até aos utilizadores finais, mas para se dispor de dados completos, foi recomendado analisar o teor de amilose e os restantes testes de qualidade.

Capítulo 1

1. Introdução

O arroz (*Oryza sativa L.*) é uma das principais culturas alimentares do mundo, sendo o alimento básico de mais de metade da população mundial (Juliano, 1985). É reconhecida como uma fonte de amido na dieta e é geralmente consumida como um grão inteiro ou como um ingrediente de farinha. À medida que as nossas dietas se tornam variadas, o mesmo acontece com a seleção de arroz que os consumidores exigem no mercado (Ward e Martin, 2009)

1.1. Moagem de arroz

O arroz no seu estado não transformado é designado por arroz em bruto, mas também é frequentemente designado por arroz em casca. Neste estado, a cariopse do arroz é envolvida por uma casca exterior protetora (Parker et al., 2007; Smith e Robert, 2003). O arroz em bruto é então transformado com o objetivo de produzir arroz bem moído, essencialmente isento de farelo e contendo uma quantidade mínima de grãos partidos (Chen et al., 1998).

Após a colheita, o arroz em bruto é normalmente seco até atingir um teor de humidade de cerca de 12-14% (Singh et al., 2000a; Reid et al., 1998) e os grãos secos são então descascados para obter o arroz integral. As cascas são relativamente fáceis de separar da cariopse e são removidas por máquinas constituídas por um par de rolos que rodam em direcções opostas e a diferentes velocidades periféricas para criar uma ação de cisalhamento. As cascas representam cerca de 20 % da massa de arroz bruto de origem (Razavi e Farahmandfar, 2009). O arroz integral (ou arroz descascado) é geralmente composto por farelo de superfície (6-7% em peso), endosperma (-90%) e embrião (2-3%) (Chen et al., 1998). Destes componentes, o farelo de superfície é rico em constituintes não amiláceos, tais como lípidos (15,019,7%) e proteínas (11,3-14,9%), enquanto o endosperma é rico em amido (Chen et al., 1998).

O arroz integral é moído submetendo-o a uma pressão abrasiva ou de fricção para remover as camadas de farelo do endosperma (Reid et al., 1998; Singh et al., 2000a). A massa de farelo removido representa aproximadamente 10 % da massa de arroz bruto, mas este valor varia consoante o grau de remoção do farelo (Smith e Robert, 2003). O índice que descreve o grau de remoção de farelo do arroz integral, designado por grau de moagem, é uma caraterística de qualidade extremamente importante, uma vez que quanto maior for o grau de moagem do arroz, mais massa de grãos é removida e transferida para o fluxo de farelo (Smith e Robert, 2003). Uma duração de moagem mais longa para atingir graus de moagem mais elevados é mais suscetível de provocar danos mecânicos que resultam em grãos partidos (Reid et al., 1998; Siebenmorgen et al., 2006; Smith e Robert, 2003). Um aumento de 2 % no grau de polimento demonstrou afetar um aumento de 4% na quebra (Reid et al., 1998). O nível de humidade no processamento do arroz é muito importante para a qualidade final do arroz. De acordo com o estudo realizado por Parker et al. (2007), com um elevado teor de humidade, os grãos de arroz tinham grande parte da sua camada de farelo ingerida com uma ligeira abrasão. O arroz em bruto com menor teor de humidade tinha menos farelo intacto e menos abrasões na superfície do arroz (Parker et al., 2007).

1.2. Qualidade do arroz

Quando se fala da boa qualidade do arroz, segundo Juliano (1985) e Luh (1991), esta é percepcionada de forma diferente consoante a utilização final, o campo de interesse, etc. Na comercialização, a aparência é a caraterística de qualidade mais importante. Produtores e moageiros enfatizam a qualidade da moagem, como a recuperação total e a proporção de arroz com cabeça e quebrado na moagem (Singh et al., 2000b). Os fabricantes de alimentos insistem na qualidade da transformação; os nutricionistas exigem qualidade nutricional; e os consumidores exigem um conjunto muito divergente de qualidades de cozedura e de consumo, que são principalmente o aspeto do grão, o tamanho e a forma do grão, o comportamento após a cozedura, o sabor, a tenrura e o aroma do arroz cozinhado (Singh et al., 2000b).

As caraterísticas que influenciam a qualidade do arroz incluem as que estão sob controlo genético e as que são independentes do controlo genético. A composição genética do grão é um dos principais factores que influenciam a qualidade do arroz. Outro fator importante que influencia a qualidade do arroz é o ambiente em que as plantas são cultivadas (Luh, 1991). Neste último caso, outras caraterísticas que influenciam a qualidade são principalmente uma função do manuseamento, armazenamento e distribuição (Mutters, 2003). Antes do lançamento, as novas variedades são testadas agronomicamente e quanto à qualidade na sua provável área de produção (Luh, 1991).

Luh (1991) classificou a qualidade do arroz em quatro grandes domínios:

> Qualidade da fresagem

> Qualidade da cozedura, da alimentação e da transformação

> Qualidade nutritiva

> Normas específicas de limpeza, salubridade e pureza

Essencialmente, todo o arroz é utilizado como alimento para consumo humano, sob uma ou mais das suas múltiplas formas. Por conseguinte, a qualidade do arroz deve ser avaliada com base na adequação às utilizações previstas e nos requisitos de salubridade estabelecidos. A qualidade do grão de arroz representa um resumo das caraterísticas físicas e químicas que podem ser propriedades genéticas ou adquiridas.

As propriedades físicas do grão são as que são reconhecíveis no mercado. A avaliação baseia-se na percentagem de grãos que permanecem inteiros após a moagem (ou moagem), na dimensão do grão, no giz e na cor. As qualidades físicas podem ser afectadas pelas condições de crescimento da planta, em especial as temperaturas elevadas durante o enchimento do grão, a fertilização do campo e a humidade da colheita (Ward e Martin, 2009).

As qualidades de cozedura do arroz estão geralmente associadas à variedade do grão e à composição química. O arroz branco branqueado é composto por cerca de 93% de amido, 7% de proteínas e 0,5% de lípidos (Ward e Martin, 2009). A composição, estrutura e interação destes componentes definem em grande medida as qualidades de cozedura do arroz. As caraterísticas químicas incluem a temperatura de gelatinização, o teor de amilose, a consistência do gel e o aroma (Ward e Martin, 2009).

Durante a avaliação da qualidade da variedade de arroz, são utilizados critérios químicos e físicos específicos para descrever as qualidades de cozedura e processamento desejadas em novas variedades de cada tipo de grão (Luh, 1991). As novas variedades desenvolvidas são sistematicamente testadas quanto ao teor de amilose, à temperatura de gelatinização e às caraterísticas de pastelaria. As caraterísticas químicas e físicas das novas variedades são sempre comparadas com as das principais variedades comerciais do tipo de grão em causa, cultivadas de forma comparável. Se, após alguns anos em vários locais, de acordo com Luh (1991), as propriedades das novas variedades forem semelhantes ou superiores às das variedades padrão, são consideradas como tendo uma qualidade de cozedura e transformação satisfatória ou superior; caso contrário, são consideradas indesejáveis ou de qualidade desconhecida.

O teor de amilose é considerado como a caraterística mais importante para prever a cozedura do arroz e o seu comportamento na transformação. Estas duas caraterísticas são agora universalmente utilizadas em programas de melhoramento na maioria dos países produtores de arroz como testes de seleção preditivos para descrever a cozedura do arroz e o seu comportamento no processamento (Luh, 1991).

1.2.1. Qualidades físicas do arroz

De acordo com Juliano (1985), Luh (1991) e Singh (2000a), os factores determinantes mais importantes da qualidade física do arroz baseiam-se na qualidade da moagem, no tamanho, na forma e no aspeto dos grãos.

1.2.1.1. Tamanho e forma dos grãos

O tamanho e a forma dos grãos estão entre as primeiras caraterísticas de qualidade consideradas no desenvolvimento e lançamento de novas variedades comerciais (Juliano, 1985; Luh, 1991; Singh, 2000a). As variedades de arroz podem ser objetivamente classificadas em categorias de tipo de grão com base em dois parâmetros físicos, nomeadamente o comprimento e a forma. O comprimento é uma medida do grão de arroz na sua maior dimensão e a forma é determinada pelo rácio comprimento:largura (Singh et al., 2000).

Com base na textura do arroz cozinhado que preferem, os consumidores têm preferências definidas para o tamanho e forma do arroz branqueado (Juliano, 1985). As variedades de grão longo cozem secas e fofas, com os grãos cozidos tendendo a permanecer separados, ao passo que os grãos cozidos das variedades de grão médio e curto são húmidos e mastigáveis, com os grãos tendendo a ficar juntos (Luh, 1991). O rácio comprimento:largura (L/B) entre 2,5 e 3,0 tem sido considerado amplamente aceitável desde que o comprimento seja superior a 6 mm (Singh et al., 2000a).

A preferência pelo tamanho e forma dos grãos varia de um grupo de consumidores para outro, mas existe uma forte procura de arroz de grãos longos no mercado internacional. Descobriu-se que os grãos mais finos contêm mais proteínas, lípidos, vitaminas e menor teor de amido do que os grãos mais grossos (Chen at al., 1998).
As dimensões dos grãos de arroz são de grande importância para os moageiros, porque as variedades de arroz com grãos mais grossos requerem mais pressão de moagem devido a uma porção mais espessa de aleurona da camada de farelo. Os grãos com sulcos superficiais mais profundos também requerem mais pressão de moagem e/ou durações de moagem mais longas para alisar a superfície do grão, dc modo a remover uma quantidade adequada de farelo para atingir o grau de moagem desejado (Siebenmorgen et al., 2006).

1.2.1.2. Aparência

O aspeto do arroz branqueado é importante para o consumidor. Os consumidores preferem arroz com um endosperma translúcido. O aspeto do grão depende do tamanho e da forma da amêndoa, da translucidez e do giz do grão (Singh et al., 2000a). É largamente determinado pela opacidade do endosperma, classificada como a quantidade de giz (IRRI, 2009) e a condição do "olho" (Singh, 2000a). Nalgumas variedades, o grão tende a partir-se mais frequentemente no "olho" ou na cova deixada pelo embrião quando é moído. Amostras de arroz com olhos danificados têm aparência ruim e baixo valor de mercado. Da mesma forma, quanto maior for o grau de giz, menor será a aceitabilidade no mercado. Os grânulos de amido nas zonas calcárias são menos densamente compactados do que nas zonas translúcidas. Por conseguinte, as zonas calcárias não são tão duras como as zonas translúcidas e os grãos com giz são mais susceptíveis de se partirem durante a moagem (Singh et al., 2000b). Embora o giz desapareça durante a cozedura e não tenha efeito direto nas qualidades culinárias e alimentares, o excesso de giz diminui a qualidade e reduz a recuperação da moagem (IRRI, 2009).

A brancura é igualmente importante para o aspeto do arroz. É uma combinação de caraterísticas físicas varietais e do grau de moagem. Na moagem, o branqueamento e o polimento (branqueamento para melhorar o aspeto do arroz branco) afectam grandemente a brancura do grão (IRRI, 2009).

1.2.1.3. Qualidade da fresagem

O rendimento na transformação é um dos critérios mais importantes da qualidade do arroz, especialmente do ponto de vista da comercialização. Uma boa variedade deve possuir uma elevada percentagem de arroz integral (cabeça) e de arroz branqueado total. O arroz quebrado é geralmente avaliado em 30-50% do grão inteiro (Mutters, 2003). Uma moagem mais completa é normalmente acompanhada por uma maior perda de peso (entre 4-14% do peso do arroz integral) e uma redução associada do rendimento do arroz de cabeça. Assim, o desempenho dos sistemas comerciais em termos de qualidade de moagem e uniformidade do produto é de grande importância económica para a indústria do arroz (Chen et al., 1998).

Grau de moagem: O grau de moagem é uma medida da percentagem de farelo removido do grão de arroz integral. Refere-se à extensão em que as camadas de gérmen e farelo dos grãos de arroz integral são removidas durante o processo de moagem (Siebenmorgen et al., 2006). Afecta o nível de recuperação e influencia a aceitação do consumidor (Martin, 2010a). Para além da quantidade de arroz branco recuperado, o grau de moagem influencia a cor e também o comportamento de cozedura do arroz. O arroz integral não branqueado absorve mal a água e não cozinha bem (IRRI, 2009; Jung, 2001). Maior capacidade de ligação à água, poder de inchamento, solubilidade e pico de viscosidade foram observados com maior grau de moagem. A diminuição da temperatura de início da gelatinização e da temperatura de pico e a redução do tempo de cozedura do arroz também foram encontradas com o aumento da moagem (Jung et al., 2001).

A qualidade alimentar do arroz integral foi relatada como inferior à do arroz branqueado (Jung et al., 2001), mas os teores de proteínas, lípidos e cinzas diminuíram com o aumento do grau de branqueamento. Isto pode ser explicado pela remoção do revestimento da cariopse, da aleurona e das camadas subaleuronas, que têm altos teores de cinzas, lípidos e fibras (Jung et al., 2001). O grau de moagem afecta não só a qualidade alimentar do arroz cozido, mas também o lucro dos produtores de arroz.

O grau de aderência do farelo ao endosperma do arroz é muito variável, pelo que a quantidade e a intensidade da limpeza necessária para a remoção do farelo variam. Esta variação da aderência do farelo pode ser causada por condições de secagem e armazenamento, métodos de cultivo e colheita e condições climatéricas. A variedade é outra causa importante de diferença nas caraterísticas de moagem (Autrey et al., 1955 e Siebenmorgen, 2006).

O rendimento do arroz com cabeça é também um dos critérios mais importantes para medir a qualidade do arroz branqueado. A percentagem de arroz com cabeça é o peso do arroz branqueado com comprimento superior ou igual a três quartos do comprimento médio do grão inteiro (Reid et al., 1998) e é frequentemente expressa em % de arroz em casca ou em bruto (com base num teor de humidade de 14% (Martin, 2010). Em condições controladas, a recuperação do arroz em casca pode atingir 84% do total do arroz branqueado ou 58% do peso do arroz em casca. Os moinhos de arroz comerciais produzem, em média, 55% de arroz em casca, enquanto a recuperação de arroz em casca dos moinhos de arroz do tipo aldeia é da ordem dos 30% (Martin, 2010a). Em grande medida, as caraterísticas do arroz em casca determinam o rendimento potencial de arroz em casca, embora o processo de moagem seja responsável por algumas perdas e danos no grão (IRRI, 2009). As proporções dos vários componentes variam consoante o método de moagem utilizado e a variedade de arroz. Geralmente, as cascas constituem 20 a 22 % do arroz em bruto, embora tenham sido registadas variações de 18 a 26 % (Singh et al., 2000a). O rendimento da cabeça é especialmente sensível ao modo de secagem e é normalmente utilizado para avaliar a eficácia global do processo de secagem (Mutters, 2003).

1.2.2. Qualidades de cozedura do arroz

As caraterísticas de cozedura e de consumo do arroz são largamente determinadas pelas propriedades do amido que constitui 90 % do arroz branqueado (Ward e Martin, 2009). A temperatura de gelatinização, o teor de amilose e a consistência do gel são as propriedades importantes do amido que influenciam as caraterísticas de cozedura e de consumo (Singh et al., 2000b).

1.2.2.1. Temperatura de gelatinização (valor alcalino)

A temperatura de gelatinização do amido determina o tempo necessário para a cozedura (Shu et al., 2006), ou seja, é um índice da facilidade de cozedura do arroz polido (Juliano et al., 1964). A temperatura de gelatinização, uma propriedade física do amido, é o intervalo de temperatura em que pelo menos 90% dos grânulos de amido incham irreversivelmente em água quente com perda de cristalinidade e birrefringência, ou seja, a temperatura a que o amido de arroz começa a derreter (gelatinizar) e a absorver água (Borrel et al., 1999; Shu et al., 2006; Singh et al., 2000b).

A temperatura de gelatinização varia com o genótipo e verificou-se que varia entre 55 e 79°C (Juliano, 1985; Borrel et al., 1999; Singh et al., 2000a). A temperatura de gelatinização das variedades de arroz pode ser classificada como baixa (55 a 69°C), intermédia (70 a 74°C) e alta (>74°C) (Borrel et al., 1999; Juliano et., 1996; Singh et al., 2000b). A temperatura de gelatinização e o tempo de cozedura do arroz branqueado estão positivamente correlacionados e também têm certas correlações úteis com o teor de amilose. As variedades com alta temperatura de gelatinização geralmente têm baixo teor de amilose. Não são conhecidas variedades com alta temperatura de gelatinização e alto teor de amilose (Singh et al., 2000b).

Na avaliação prática da qualidade, a temperatura de gelatinização é geralmente medida indiretamente, de acordo com a digestibilidade dos grãos de arroz branqueados numa solução alcalina, e pontuada pelo valor de espalhamento alcalino, uma vez que a desintegração dos grãos de arroz em soluções alcalinas está intimamente associada às suas propriedades de cozedura e à temperatura de gelatinização do arroz branqueado (Shu et al., 2006).

1.2.2.2. Teor de amilose

Muitas das caraterísticas culinárias e alimentares do arroz branqueado são influenciadas pela proporção de amilose e amilopectina no grão de arroz. A amilose é a fração linear do amido nas variedades não glutinosas, enquanto a amilopectina, a fração ramificada, constitui o restante amido. O amido representa cerca de 90% do teor de matéria seca do arroz branqueado e o seu teor de amilose varia normalmente entre 15 e 35% (IRRI, 2009). A quantidade de amilose é o fator chave para a forma como o arroz cozinha (Ward e Martin, 2009).

O teor de amilose está negativamente correlacionado com as pontuações do painel de sabor relativas à coesão, tenrura, cor e brilho do arroz cozido. A amilose está quase ausente no arroz ceroso (glutinoso). Este tipo de arroz não se expande em volume, é brilhante e pegajoso, e permanece firme quando cozinhado (Borrel et., 1999). O arroz com elevado teor de amilose apresenta uma elevada expansão de volume (não necessariamente alongamento) e um elevado grau de flacidez. Cozinham-se secos, são menos tenros e tornam-se duros ao arrefecer, enquanto o arroz com baixo teor de amilose cozinha-se húmido e pegajoso (Borrel et al., 1999; IRRI, 2009; Ward e Martin, 2009). O arroz de amilose intermédia cozinha húmido e tenro e não fica duro quando arrefece. As variedades de arroz são agrupadas com base no seu teor de amilose (Borrel et al., 1999; IRRI, 2009) em ceroso (0-2%), muito baixo (3-9%), baixo (10-19%), intermédio (20-25%) e alto (>25%).

O arroz de amilose intermédia é o tipo preferido na maioria das áreas de cultivo de arroz do mundo, exceto onde se cultivam japónicas com baixo teor de amilose. Por conseguinte, o desenvolvimento de germoplasma melhorado com teor intermédio de amilose deve ser tido em consideração no programa de melhoria da qualidade dos grãos (Borrel et al., 1999).

1.2.2.3. Consistência do gel

A consistência do gel mede a tendência do arroz cozinhado para endurecer ao arrefecer (Juliano, 1996; IRRI, 2009). O teste de consistência do gel baseia-se na consistência da pasta de arroz e diferencia as variedades com elevado teor de amilose (Borrel et al., 1999). Existem diferenças varietais na consistência do gel entre variedades com teor de amilose semelhante. Dentro do mesmo grupo de amilose, as variedades com uma consistência de gel mais suave são preferidas (Juliano, 1996), e o arroz cozinhado tem um maior grau de tenrura. Uma consistência de gel mais dura está associada a um arroz cozinhado mais duro e esta caraterística é particularmente evidente no arroz com elevado teor de amilose. O arroz cozido duro também tende a ser menos pegajoso (IRRI, 2009).

O teste de consistência do gel separa os arrozes com alto teor de amilose em três categorias, de acordo com Borrel et al. (1999); Juliano e Hicks (1996):

1. Arroz muito escamoso com consistência de gel duro (comprimento do gel, 40 mm ou menos)
2. Arroz escamoso com consistência de gel média (comprimento do gel, 41 a 60 mm)
3. Arroz mole com consistência de gel mole (comprimento do gel superior a 61 mm).

1.2.3. Qualidade nutricional do arroz branqueado

A composição química do grão de arroz varia consideravelmente, dependendo do fator genético da variedade da planta e das influências ambientais, como o local e a estação do ano em que é cultivado, o tratamento com fertilizantes, o grau de moagem e as condições de armazenamento. Em média, o arroz tem 80 % de amido, 7,5 % de proteínas, 0,5 % de cinzas e 12 % de água (Robert, 1979).

1.3. Problemática

Dado que a população do Ruanda está a aumentar, a procura por parte dos consumidores de variedades de arroz de alto rendimento, de arroz de melhor qualidade e de sementes de arroz também aumentou. O programa de arroz do Instituto de Investigação Agrícola do Ruanda está a concentrar-se na produção de variedades de elevado rendimento e resistentes a pragas. Atualmente, a procura consiste em incorporar caraterísticas de qualidade preferidas que aumentem o valor económico total do arroz, uma vez que a qualidade do grão de arroz é o fator determinante do preço de mercado e da aceitação do consumidor.

Os factores mais importantes que os cultivadores de plantas devem ter em conta no desenvolvimento de novas variedades de arroz são a qualidade e o rendimento do grão. Se os consumidores não gostarem do sabor, da textura, do gosto, do aroma, do aspeto, da capacidade de cozedura ou de transformação do arroz recém-desenvolvido, qualquer outro atributo notável da variedade pode ser inútil. A avaliação da qualidade das novas variedades é, por conseguinte, essencial. O Ruanda está a apostar no arroz como um dos principais produtos agrícolas (WARDA, 2005) e entre as culturas alimentares estratégicas selecionadas (MINAGRI, 2010) para alimentar a sua população e fazer o melhor uso da terra disponível. Cerca de 900 variedades de arroz foram avaliadas desde 2002 (WARDA, 2005) para encontrar as melhores variedades que se adaptem ao clima e às condições de cultivo do Ruanda. Uma vez que a introdução de novas variedades exige a avaliação do comportamento pós-colheita e de transformação destas novas variedades, este estudo foi então realizado com os seguintes objectivos

- Avaliação das caraterísticas físicas e químicas das variedades de arroz introduzidas no Ruanda
- Determinação das qualidades culinárias e alimentares

Capítulo 2

2. Materiais e métodos

2.1. Amostras

Devido ao grande número de variedades melhoradas (mais de 200 variedades) que foram avaliadas pela primeira vez quanto às condições climáticas e resistência a doenças no Ruanda, foram selecionadas dezassete variedades (Anexo 1) escolhidas pelos agricultores para avaliação da qualidade do grão. Foram colhidas em maio-junho de 2010 em quatro zonas húmidas, nomeadamente Rwabikwano (província oriental), Bugarama (província ocidental), Cyabayaga (província oriental) e Cyiri (província meridional). Neste estudo, foram utilizadas como controlos quatro variedades existentes, Insindagirabigega e Gakire (tipos de grão longo), e Yun Yine e Zhong geng (tipos de grão curto), que são mais apreciadas pelos agricultores e consumidores. Após a colheita, as amostras foram secas ao sol e depois transportadas para a estação ISAR-Rubona para serem analisadas. As análises efectuadas incluem as dimensões do grão (tamanho, largura e forma), as qualidades de moagem (grau de moagem, recuperação da moagem, recuperação da cabeça do arroz) e as qualidades de cozedura (temperatura de gelatinização e consistência do gel). Os dados foram analisados utilizando o SPSS para verificar se existem correlações entre as caraterísticas de qualidade do arroz.

2.2. Análises laboratoriais

2.2.1. Dimensões dos grãos

Materiais

IRRI Vernier caliper, amostras de arroz

Método

- Colher uma amostra de 20 grãos de arroz ao acaso de cada variedade
- Medir o comprimento e a largura de cada grão de arroz com um compasso de Vernier e registar as medidas
- Calcular o comprimento médio do arroz para cada variedade
- Calcule a forma utilizando a seguinte fórmula:

$$Length\ to\ width\ ratio\ (L/W) = \frac{Average\ paddy\ length,\ mm}{Average\ paddy\ width,\ mm}$$

Classificar o tamanho e a forma das amostras de arroz com base nas dimensões normalizadas indicadas por Jennings et al., (1979) e Singh et al., (2000a), do seguinte modo

Quadro 1: Classificação das dimensões

Categoria de tamanho	**Comprimento (mm)**
Muito longo	Mais de 7,50
Longo	6,61 a 7,50
Médio ou intermédio	5,51 a 6,60
Curto	Inferior ou igual a 5,50

Tabela 2: Classificação da forma

Forma	Rácio comprimento/largura
Esguio	Mais de 3,0
Médio	2.1 a 3.0
Negrito	1.1 a 2.0
Redondo	Menos de 1,1

2.2.2. Teor de humidade

Materiais:

Forno, balança, copos de alumínio, dessecador, triturador de amostras

Método:

- Uma amostra de arroz paddy foi moída para reduzir o tamanho da amostra
- Cerca de 10 g de amostra foram pesados em triplicado e o peso inicial foi registado
- As amostras foram colocadas na estufa a 130° C durante 3 horas
- As amostras foram retiradas da estufa e arrefecidas num exsicador durante cerca de 20 minutos
- O peso final foi registado
- O teor de humidade foi calculado utilizando a seguinte equação:

$$MCWB = \frac{Initial\ Weight - Final\ Weight}{Initial\ Weight} x\, 100$$

2.2.3. Qualidades de fresagem

Materiais:

Moinho de arroz (ZaccariaTesting Rice Mill, Model: PAZ-1 DTA, fornecido por Industrias machina Zaccaria S/A, Brasil), classificadora de arroz (4,5 de tamanho), balança de pesagem

Método:

- Foi fixada uma distância de 1 mm entre os rolos de borracha
- Uma amostra de 100 g de arroz em casca foi pesada e colocada no moinho de arroz
- A amostra foi descascada durante 15 segundos
- O arroz integral foi branqueado durante 60 segundos
- Os grãos inteiros foram separados dos brocados utilizando um calibrador de tamanho 4,5 durante 30 segundos
- O peso foi registado após cada etapa
- O grau de moagem, a recuperação da moagem e a recuperação do arroz descabeçado foram calculados utilizando as seguintes fórmulas

$$\% \text{Milling Recovery} = \frac{\text{Weight of milled rice}}{\text{Weight of paddy sample}} x\,100$$

$$\% \text{degree of milling} = \frac{\text{Weight of milled rice}}{\text{Weight of brown rice}} x\,100$$

$$\% \text{Head rice} = \frac{\text{Weight of whole grains}}{\text{Weight of paddy sample}} x\,100$$

2.2.4. Temperatura de gelatinização

Materiais e produtos químicos:

Hidróxido de potássio (KOH) (0,3035 N), grãos de arroz inteiros, caixas de plástico, pipetas, estufa

Método (ensaio de digestão alcalina) (Singh et al., 2000b)

- Preparação de uma solução de KOH a 1,7 % (0,3035 N)
- Em duplicado, foram selecionados seis grãos inteiros moídos, sem fissuras, e colocados em caixas de plástico
- Foram adicionados 10 ml de KOH em cada caixa
- Os grãos foram dispostos de modo a deixar um espaço suficiente entre eles para permitir a propagação
- As caixas foram tapadas e incubadas durante 23 horas a 30°C numa estufa
- O grau de espalhamento foi medido utilizando uma escala de sete pontos e a

temperatura de gelatinização correspondente, como se segue (IRRI, 2009):

Tabela 3: Temperaturas de gelatinização correspondentes à digestão alcalina

Código	**Digestão alcalina**	**Temperatura de gelatinização**
1-Não afetado mas calcário	Baixa	Elevada (74,5-80° C)
2-Enchido	Baixa	Elevada (74,5-80° C)
3-Inchaço com colarinho incompleto ou estreito	Baixa ou intermédia	Elevado ou intermédio
4-Enchido com colarinho completo e largo	Intermediário	Intermédio (70-74° C)
5-Dividido ou segmentado com colarinho completo e largo	Intermediário	Intermédio (70-74° C)
6-Fusão dispersa com colarinho	Elevado	Baixa (<70° C)
7-Completamente disperso e limpo	Elevado	Baixa (<70° C)

2.2.5. Consistência do gel

Materiais:

Pipetas, béqueres, tubos de cultura, triturador, balança, álcool etílico (95 %), azul de timol (0,025 %), hidróxido de potássio (KOH), agitador (7400 Tübingen Ks10, fornecido por Edmund Bühler, Alemanha)

Método (Graham, 2002)

- Preparação de soluções:

> Álcool etílico (95%) contendo 0,025% de azul de timol (o álcool evita a aglutinação do pó durante a gelatinização alcalina, enquanto o azul de timol confere cor à pasta alcalina para facilitar a leitura da frente de gel), banho-maria, água gelada, papel milimétrico para gráficos

> Hidróxido de potássio (KOH) 0,2 M

- As amostras de arroz foram primeiro armazenadas durante dois dias, de modo a terem o mesmo teor de humidade
- Moer 10 grãos inteiros de arroz branqueado num moinho de 100 mesh
- Cem mg (±1 mg) de pó foram pesados em duplicado nos tubos de cultura
- Adicionar 0,2 ml de álcool etílico aos tubos de cultura que contêm o pó de arroz
- Adicionar 2 ml de KOH
- Misturar o conteúdo com um agitador 7400 Tübingen Ks10 a 400 rpm durante 15 minutos
- Os tubos de ensaio foram tapados para evitar a perda de vapor

> As amostras foram aquecidas num banho de água em ebulição vigorosa durante 8 minutos

> Os tubos de ensaio foram retirados do banho-maria e deixados em repouso à temperatura ambiente durante 5 minutos

- Em seguida, foram arrefecidos num banho de gelo durante 20 minutos e colocados horizontalmente numa mesa de laboratório forrada com papel milimétrico para gráficos
- O comprimento total do gel foi medido em mm a partir do fundo do tubo até à frente do gel

Capítulo 3

3. Resultados e discussão

3.1. Qualidades físicas

3.1.1. Tamanho e forma dos grãos

Quadro 4: Dimensões físicas do arroz paddy

Código da variedade/Nome	Comprimento (mm)	Categoria de tamanho	Largura (mm)	Forma	Categoria de forma
UL 42	9.77	Muito longo	3.1	3.1	Esguio
IRRI 5	9.00	Muito longo	2.7	3.3	Esguio
UL 13	9.64	Muito longo	3.1	3.1	Esguio
IRRI 28	8.20	Muito longo	2.8	2.9	Médio
UL 12	9.76	Muito longo	3.1	3.2	Esguio
UL 2	9.04	Muito longo	2.8	3.2	Esguio
LL 67	9.63	Muito longo	2.9	3.3	Esguio
LL 72	9.53	Muito longo	2.7	3.5	Esguio
DHL 203	9.62	Muito longo	2.6	3.7	Esguio

NPT 41	9.55	Muito longo	2.7	3.5	Esguio
DHL 189	9.68	Muito longo	2.7	3.7	Esguio
UL 38	8.94	Muito longo	2.9	3.0	Médio
UL 62	9.72	Muito longo	3.1	3.1	Esguio
320	10.01	Muito longo	3.1	3.3	Esguio
IRRI 6	8.82	Muito longo	2.9	3.0	Médio
IRRI 48	8.36	Muito longo	2.9	2.9	Médio
LL 29	9.61	Muito longo	2.5	3.9	Esguio
ZHONG GENG	7.41	Longo	3.6	2.1	Médio
YUN YINE	4.34	Longo	3.7	2.0	Médio
INSIDAGIRABIGEGA	9.41	Muito longo	2.9	3.2	Esguio
GAKIRE	8.35	Muito longo	2.8	3.0	Médio

Com exceção das variedades Yun Yine e Zhong geng, todas as outras variedades foram classificadas como grãos muito longos (Quadro 4), utilizando a classificação dada por Singh et al. (2000) e Jennings et al. (1979). Isto significa que apresentam um comprimento médio de grão de arroz superior a 7,50 mm, enquanto as variedades Yun Yine e Zhong geng têm 4,34 mm e 7,41 mm, respetivamente. O comprimento medido dos grãos de arroz varia entre 7,41 mm (Zhong geng) como o mais curto e 10,01 mm (variedade codificada como 320) como o mais longo. Em

No Quadro 4, mostra-se que as novas variedades estavam na mesma categoria que Insindagirabigega e Gakire, que foram tomadas como variedades de referência de arroz de grão longo, porque são as mais apreciadas pelos consumidores no Ruanda entre as variedades de arroz de grão longo (ISAR, 2006; WARDA, 2005). O tamanho ou comprimento do grão de arroz é muito importante porque dá uma ideia da qualidade da cozedura. De acordo com Luh, (1991), os grãos de arroz longos cozinhados eram secos e fofos, com os grãos a tenderem a permanecer separados, enquanto os grãos cozinhados das variedades de grãos médios e curtos eram húmidos e mastigáveis, com os grãos a tenderem a ficar juntos. Por conseguinte, as novas variedades são muito vantajosas devido ao seu tamanho de grão.

A forma variava entre 2 (Yun Yine) e 3,7 (DHL 203 e DHL 189). Verificou-se que a forma do grão de arroz, determinada pela relação comprimento/largura, está altamente correlacionada com o comprimento do grão. Foi encontrada uma forte correlação positiva entre o comprimento e a forma do grão (r = +0,828), o que explica que o tamanho do grão aumenta com a sua forma, como também foi confirmado por Vanaja e Babu (2003). A largura foi negativamente correlacionada com a forma do grão (r = -0,893), ou seja, não houve influência da largura na forma do grão.
Mais de metade das variedades estudadas eram de forma delgada e as variedades de forma média tinham menos de 9 mm de comprimento (

Tabela 4). Isto mostra como a forma do grão é influenciada pelo comprimento do grão.

Em termos de forma, Yun Yine e Zhong geng estavam na categoria média. Embora tanto a Insindagirabigega como a Gakire estivessem classificadas na categoria de grãos muito longos, a sua forma era diferente. A Insindagirabigega tinha uma forma delgada, enquanto a Gakire tinha uma forma média, talvez devido aos seus grãos de tamanho longo. As novas variedades são de boa qualidade devido ao seu tamanho e forma, uma vez que os grãos de arroz longos e delgados são os mais preferidos e, normalmente, o seu preço é elevado no mercado internacional (Dipti et al., 2002; Khan e Reddy, 1991).

3.1.2. Teor de humidade

Quadro 5: Teor de humidade do arroz paddy

Variedades	Humidade (%)	Variedades	Humidade (%)
UL 42	13.0	**UL 38**	12.7
IRRI 5	12.6	**UL 62**	12.6
UL 13	13.3	**320**	11.3
IRRI 28	12.4	**IRRI 6**	12.8
UL 12	12.4	**IRRI 48**	12.9
UL 2	12.3	**LL 29**	12.6
LL 67	11.0	**ZHONG GENG**	12.0
LL 72	11.0	**YUN YINE**	11.7
DHL 203	10.9	**INSIDAGIRABIGEGA**	12.3
NPT 41	10.7	**GAKIRE**	12.3
DHL 189	10.9	-	-

O teor de humidade do arroz para todas as variedades estudadas variava entre 10,7 e 13,3% (Quadro 5). A percentagem de humidade recomendada situa-se normalmente entre 12 e 14% (Parker et al., 2007). As diferenças no teor de humidade podem ter origem nas condições de secagem, como os raios solares que não eram suficientes, e nas diferenças varietais. O nível de humidade do arroz paddy é um parâmetro importante, uma vez que as propriedades físicas das variedades de grãos de arroz dependem do seu teor de humidade (Zareiforoush e Alizadeh, 2009). Quando o teor de humidade é elevado, grande parte da camada de farelo continua agarrada aos grãos de arroz após a moagem, o que dá origem a um arroz branqueado mais castanho (Parker et al., 2007).

3.1.3. Qualidades de fresagem

Quadro 6: Rendimento na transformação das variedades de arroz

Código da variedade/Nome	Grau de moagem (%)	Recuperação da moagem (%)	Arroz com cabeça (%)
UL 42	87.85	65.86	57.14
IRRI 5	88.97	66.95	57.58
UL 13	86.17	70.94	61.66
IRRI 28	89.93	69.24	65.61
UL 12	86.86	68.94	54.37
UL 2	90.61	69.77	59.05
LL 67	88.20	66.84	63.91
LL 72	90.08	69.01	67.02

DHL 203	90.25	71.35	68.15
NPT 41	88.11	67.22	60.61
DHL 189	88.32	68.48	63.06
UL 38	87.06	71.18	61.19
UL 62	86.68	70.56	64.05
320	86.67	68.48	61.16
IRRI 6	88.65	68.75	65.18
IRRI 48	88.07	68.21	65.84
LL 29	87.53	70.80	63.27
ZHONG GENG	81.34	68.19	28.86
YUN YINE	86.04	71.84	57.57
INSIDAGIRABIGEGA	85.46	64.10	50.50
GAKIRE	86.39	67.83	52.03

Grau de fresagem

O grau de moagem é uma medida da percentagem de grãos de arroz branco obtidos a partir da moagem do arroz integral. Descreve até que ponto o farelo foi removido do arroz integral (Smith e Robert, 2003). Os resultados do quadro 6 mostram que o grau de moagem de todas as variedades foi superior a 80 %. Esta percentagem é superior aos 70 % indicados por Singh et al. (2000a), mas o valor varia consoante o grau de remoção do farelo (Smith e Robert, 2003). Quase todas as novas variedades têm graus de moagem mais elevados do que as variedades existentes. Entre todas as variedades, a que apresenta o grau de moagem mais baixo é a Zhong geng, com 81,34 %, e a mais elevada é a UL 2, com 90,62 %. Nas novas variedades, a variedade com menor grau de moagem foi a 320, com 86,67%. Esta é uma caraterística de boa qualidade para as novas variedades, porque mostra como é fácil remover o farelo do arroz integral, uma vez que quanto mais farelo for removido, mais fácil será a absorção de água durante a cozedura (IRRI, 2009) devido à maior capacidade de ligação à água e ao poder de inchamento (Jung et al., 2001).

Verificou-se uma correlação fraca entre o grau de moagem e o comprimento do arroz (r= +0,360), e o grau de moagem não estava correlacionado com a largura do arroz (r= -0,700), nem com o teor de humidade (r= -0,190).

Recuperação por moagem

A recuperação da moagem determina a quantidade de arroz moído obtida após a moagem do arroz em casca. Em todas as variedades estudadas, a recuperação da moagem variou entre 64,10 % (Insindagirabigega) e 71,84 % (Yun Yine). As novas variedades apresentaram uma recuperação de moagem de 65,86% (UL 42) e 71,35% (DHL 203). Verificou-se que a recuperação da moagem não estava correlacionada com o comprimento do arroz (r= -0,153) e a forma

(r=-0.080). Nos seus estudos, Vanaja e Babu (2003) obtiveram os mesmos resultados, sem relação entre a forma da amêndoa e a recuperação da moagem. O grau de moagem afecta normalmente a recuperação da moagem e influencia a aceitação do consumidor (Martin, 2010b). Neste estudo, verificou-se que a recuperação da moagem foi positivamente correlacionada com o grau de moagem com uma correlação fraca (r= +0,122). Isto significa que quanto mais a camada castanha dos grãos de arroz for removida, maior será a recuperação da moagem e melhor será a cor e o comportamento de cozedura do arroz (Martin, 2010).

Arroz de cabeça

O arroz de cabeça, definido como arroz branqueado composto por grãos inteiros intactos e grãos quebrados com comprimento maior ou igual a três quartos do comprimento médio do grão inteiro, foi expresso em percentagem de arroz (Chen et al., 1998). Verificou-se que o arroz de cabeça para todas as variedades variava entre 28,86% (Zhong geng) e 68,15% (DHL 203). O controlo Zhong geng tinha um nível muito baixo de arroz com cabeça em comparação com os outros, mas estava na gama normal de 15 - 65,5 % indicada por (Singh et al., 2000a). A baixa percentagem de arroz com cabeça do Zhong geng pode ser explicada pelo facto de os seus grãos serem curtos (7,41 mm), pelo que o classificador utilizado não foi capaz de separar facilmente os grãos longos dos brocados devido ao seu tamanho reduzido. Provavelmente, o tamanho do classificador não era adequado à variedade Zhong geng. A outra razão para as diferenças no rendimento do arroz em cabeça entre variedades pode ser as caraterísticas varietais e os factores de produção (Martin, 2010b).

A maioria das novas variedades tinha mais de 60 % de arroz em cabeça, o que é um indicador de arroz de boa qualidade em termos de rendimento, uma vez que o rendimento normal do arroz em cabeça é de cerca de 58 % do peso do arroz em casca (Martin, 2010a). Este facto faz com que as novas variedades sejam de boa qualidade, uma vez que um rendimento mais elevado de arroz em casca é um dos critérios mais importantes para medir a qualidade do arroz branqueado (Martin, 2010b). A recuperação do arroz em cabeça é influenciada por alguns factores, como o tipo de máquina utilizada e as caraterísticas físicas, incluindo o tamanho e a forma do grão e a dureza do grão (Siebenmorgen et al., 2006). Neste estudo, verificou-se que a cabeça do arroz estava positivamente correlacionada com o comprimento do arroz (r= +0,468) e também com a forma do arroz (r= +0,592). Singh et al. (2000a) relataram que o grau de moagem tem um efeito sobre a cabeça do arroz. Este facto foi confirmado no presente estudo, onde se verificou que existe uma forte correlação positiva (r= +0,813) entre o grau de moagem e a cabeça de arroz. Verificou-se também que existe uma correlação fraca entre o arroz de cabeça e a recuperação da moagem (r= +0,320).

3.2. Qualidades de cozedura

3.2.1. Temperatura de gelatinização e consistência do gel

Tabela 7: Temperatura de gelatinização das variedades de arroz

Variedades	**Categoria**	**Temperatura (°C)**	**Comprimento (mm)**
UL 42	Elevado	74.5 - 80	5
IRRI 5	Baixo	< 70	5
UL 13	Intermediário	70 - 74	4
IRRI 28	Baixo	< 70	4
UL 12	Intermediário	70 - 74	4
UL 2	Intermediário	70 - 74	4
LL 67	Elevado	74.5 - 80	4
LL 72	Elevado	74.5 - 80	5
DHL 203	Elevado	74.5 - 80	5
NPT 41	Elevado	74.5 - 80	4
DHL 189	Elevado	74.5 - 80	4
UL 38	Elevado	74.5 - 80	3
UL 62	Intermediário	70 - 74	5
320	Elevado	74.5 - 80	5

IRRI 6	Elevado	74.5 - 80	4
IRRI 48	Elevado	74.5 - 80	5
LL 29	Elevado	74.5 - 80	4
ZHONG GENG	Baixa	< 70	5
YUN YINE	Baixa	< 70	4
INSIDAGIRABIGEGA	Intermediário	70 - 74	4
GAKIRE	Intermediário	70 - 74	5

<u>Temperatura de gelatinização</u>

A temperatura de gelatinização foi definida como um índice da facilidade de cozedura do arroz polido (Juliano et al., 1964). No presente estudo, as variedades existentes apresentaram temperaturas de gelatinização baixas (Zhong geng e Yun Yine) e intermédias (Insindagirabigega e Gakire). Nas novas variedades, apenas a IRRI 28 e a IRRI 5 apresentaram uma temperatura de gelatinização baixa (inferior a 70° C), enquanto as outras apresentaram temperaturas de gelatinização intermédias e elevadas. A baixa temperatura de gelatinização é um índice de tempo de cozedura curto porque os grãos de arroz absorvem mais água a baixa temperatura durante a cozedura, provavelmente devido ao elevado teor de amilose (Juliano et al., 1964; Reddy e Sarala, 1979; Vanaja e Babu, 2003). As variedades UL 13, UL 12, UL 2 e UL 62 encontravam-se no mesmo intervalo intermédio de temperatura de gelatinização que os dois controlos Insindagirabigega e Gakire. A sua temperatura de gelatinização situou-se entre 70 e 74° C. As restantes variedades apresentaram uma temperatura de gelatinização elevada (74,5 a 80° C), pelo que o seu tempo de cozedura é mais longo do que o das outras, tal como foi referido por Juliano et al. (19640 e Reddy e Sarala (1979) que quanto mais elevada for a temperatura a que se inicia a gelatinização, mais longo será o tempo de cozedura devido à fraca absorção de água resultante do baixo teor de amilose.

Consistência do gel

A consistência do gel mede a tendência do arroz cozinhado para endurecer ao arrefecer. Neste estudo, os resultados obtidos não foram fiáveis em comparação com outros estudos realizados anteriormente. A razão pode ser as condições de trabalho, em que as dimensões dos tubos de ensaio utilizados não eram as mesmas que as que devem ser utilizadas de acordo com o protocolo indicado na metodologia. Este facto resultou num gel muito curto, inferior a 6 mm, para todas as amostras (Anexo 2), enquanto que, de acordo com Juliano et al.

(1996), são normalmente superiores a 10 mm e mesmo superiores a 60 mm, consoante o tipo de variedade.

Conclusões e recomendações

Este estudo consistiu na avaliação das caraterísticas de qualidade de novas variedades melhoradas de arroz que foram introduzidas no Ruanda. Os resultados deste estudo mostraram que estas variedades têm boas caraterísticas de qualidade em comparação com as variedades existentes. As dimensões do grão, como o tamanho e a forma, estão entre as primeiras caraterísticas de qualidade que são consideradas no desenvolvimento e lançamento de novas variedades comerciais. Todas as novas variedades eram de grãos longos, que são geralmente procurados no mercado. A maioria dos consumidores prefere variedades de arroz de grão longo, mas a preferência pelo tamanho e pela forma varia geralmente de um grupo de consumidores para outro. Os grãos longos são preferidos devido às suas caraterísticas de qualidade culinária, como o pouco tempo de cozedura necessário e a forma como ficam secos e não se colam uns aos outros.

O grau mais elevado de moagem que foi obtido para todas as variedades é interessante para os moleiros e transformadores, enquanto a recuperação da moagem e os níveis de arroz com cabeça que foram obtidos são caraterísticas de boa qualidade que são importantes para os produtores e moleiros. As novas variedades mostraram qualidades de moagem aceitáveis, mas dependendo do equipamento de moagem ou processamento utilizado, os rendimentos de moagem, especialmente o arroz de cabeça, podem ser aumentados.

Os utilizadores finais de arroz precisam de arroz bem moído com boas qualidades culinárias e alimentares, pelo que os resultados deste estudo foram considerados indicadores de qualidades culinárias e alimentares promissoras para as novas variedades, como o tamanho, a forma e a temperatura de gelatinização desejados da maioria das variedades estudadas, que são determinantes das qualidades culinárias. Dado que as variedades de grãos longos são as mais preferidas no Ruanda, as novas variedades de arroz podem ter sucesso no mercado, pelo que se aconselha a sua promoção, uma vez que a sua qualidade é quase semelhante ou superior à dos controlos utilizados neste estudo, que já se encontram no mercado.

Não se pode tirar uma conclusão destes resultados porque são ainda necessárias mais análises. Por conseguinte, recomenda-se a determinação do teor de amilose das novas variedades, uma vez que é o principal fator determinante das qualidades culinárias. As outras análises recomendadas, necessárias para se obter um pacote completo de caraterísticas das novas variedades, incluem a qualidade nutricional, o alongamento do grão e o teste sensorial. A consistência do gel deve ser repetida utilizando um método e equipamento normalizados.

Referências

Autrey, H., S., Grigorieff, W., W., Altschul, A., M., & Hogan, J., T. (1955). Rice milling, effects of milling conditions on breakage of rice grains. *Journal of Agricultural and Food Chemistry, 3*(7), 593-599.

Borrell, A., K., Garside, A., L., Fukai, S., & Reid, D., J. (1999). A qualidade dos grãos de arroz inundado é afetada pela estação, taxa de azoto e tipo de planta. *Australian Journal of Agricultural Research, 50*(8), 1399-1408.

Chen, H., Siebenmorgen, T., J., & Griffin, K. (1998). Caraterísticas de qualidade do arroz de grão longo moído em dois sistemas comerciais. *Cereal Chemistry, 75*(4), 560565.

Dipti, S., S., Hossain, S., T., Bah, M., N., & Kabir, K., A. (2002). Propriedades físico-químicas e de cozedura de algumas variedades de arroz fino. *Pakistan Journal of Nutrition, 1*(4), 188-190.

Graham, R. (2002). A Proposal for IRRI to Establish a Grain Quality and Nutrition Research Center. *Documento de discussão do IRRI, 44*, 15.

IRRI. (2009). Manual de formação sobre a qualidade do arroz. Obtido em 29/08/2009, de www.knowledgebank.irri.org/.../Rice%20%20and%20seed%20quality/Ric e%2 0Quality%20Reference%20Manual.doc

ISAR. (2006). *Relatório anual*: ISAR.

Jennings, P., R., Coffman, W., R., & Kauffman, H., E. . (1979). *Rice improvement*: Instituto Internacional de Investigação do Arroz.

Juliano, B., O., Bautista, G., M., Lugay, J., C., & Reyes, A., C. (1964). Rice Quality, Studies on Physicochemical Properties of Rice (Qualidade do arroz, estudos sobre as propriedades físico-químicas do arroz). *Journal of Agricultural and Food Chemistry, 12*(2), 131-138.

Juliano, O., Bienvenido (1985). *Química e Tecnologia, Segunda edição.*

Juliano, O., Bienvenido , & Hicks, P., Alistair. (1996). Propriedades funcionais do arroz e produtos alimentares à base de arroz. *Food Reviews International, 12*(1), 71 - 103.

Jung, K., Park, Sang, S., Kim, & Kwang, O., Kim. (2001). Effect of milling ratio on sensory properties of cooked rice and on physicochemical properties of milled and cooked rice. *Cereal Chemistry, 78*(2), 151-156.

Khan, T., N., & Reddy, N., S. (1991). Atributo de qualidade de quatro variedades de arroz. *Intl. J. Food Sci. and Technol., 26*, 153-156.

Luh, B., Shiun. (1991). *Rice utilization, segunda edição.*

Martin, G. (2010 (a)). A moagem do arroz. Recuperado em 17/08/2010, de http://www.knowledgebank.irri.org/rkb/index.php/rice-milling

Martin, G. (2010 (b)). Caraterísticas de qualidade do arroz branqueado. Obtido em 17/08/2010, de http://www.knowledgebank.irri.org/rkb/index.php/rice-quality/quality-characteristics-of-milled-rice

MINAGRI. (2010). Programa do Arroz. de http://www.minagri.gov.rw/index.php?option=com_content&view=article&id= 198%3Ariceprogramme&catid=128%3Aagriculture&Itemid=28&lang=en (24/08/2010)

Mutters, C. (2003). Conceitos de Qualidade do Arroz *Workshop sobre Qualidade do Arroz 2003.*

Parker, A., M., Proctor, A., Eason, R., L., & Jain, V. (2007). Effects of rice harvest moisture on kernel damage and milled rice surface free fatty acid levels. *Journal of Food Science, 72*(1), C10-C15.

Razavi, S., M., A., & Farahmandfar, R. (2009). Effect of hulling and milling on the physical properties of rice grains (Efeito do descasque e da moagem nas propriedades físicas dos grãos de arroz). *International Agrophysics, 22*(4), 353-359.

Reddy, G. M., & Sarala, A. K. (1979). Estudos sobre o teor de amilose e a temperatura de gelatinização em certas cultivares locais e mutantes induzidos na forma do grão de arroz. *Euphytica, 28*(3), 665-674.

Reid, J., D., Siebenmorgen, T., J., & Mauromoustakos, A. (1998). Factores que afectam a inclinação do rendimento do arroz de cabeça vs. Grau de moagem. *Cereal Chemistry, 75*(5), 738-741.

Robert, F., Chandler (1979). *Rice in the tropics: Um guia para o desenvolvimento de programas nacionais.*

Shu, X.-l., Shen, S.-q., Bao, J.-s., Wu, D.-x., Nakamura, Y., & Shu, Q.-y. (2006). Análise molecular e bioquímica das caraterísticas da temperatura de gelatinização dos grânulos de amido de arroz (Oryza sativa L.). *Jornal de Ciência dos Cereais, 44*(1), 40-48.

Siebenmorgen, T., J., Matsler, A., L., & Earp, C., F. (2006). Caraterísticas de moagem de cultivares e híbridos de arroz. *Cereal Chemistry, 83*(2), 169-172.

Singh, N., Singh, H., Kaur, K., & Singh, B., M. (2000 (a)). Relationship between the degree of milling, ash distribution pattern and conductivity in brown rice. *Food Chemistry, 69*(2), 147-151.

Singh, V., R., Singh, U., S., & Khush, G., S. . (2000 (b)). *Aromatic Rices.* Nova Deli: Oxford & IBH Publishing Co. Pvt. Ltd.

Smith, C., Wayne, & Robert, H., Dilday (2003). *Rice: Origin, History, Technology and Production.* New Jersey: John Wiley & Sons, Inc.

Tan, Y., Xing, Y., Zhang, Q., Sun, M., & Corke, H. (2001). Quantitative Genetic Basis of Gelatinization Temperature of Rice (Base genética quantitativa da temperatura de gelatinização do arroz). *Cereal Chemistry, 78*(6), 666674. Vanaja, T., & Babu, L., C. (2003). Association between physicochemical characters and cooking qualities in high-yielding rice varieties of diverse origin. *International Rice Research Notes*

Ward, R., & Martin, M. (2009). Qualidade do arroz. *Primefact, 907.*

WARDA. (2005). Rwanda bounces back with rice as a staple food priority, Relatório Anual 2004-2005. Obtido em 24/08/2010, de http://www.warda.org/publications/AR2004-05/Rwanda.pdf

Zareiforoush, H., Komarizadeh, M., H., & Alizadeh, M., R. (2009). Efeito do teor de humidade em algumas propriedades físicas dos grãos de arroz. *Research Journal of Applied Science Engineering and Technology, 1*(3), 132-139.

Anexos

Anexo 1: Lista das variedades de arroz avaliadas

Zona húmida	Variedades
Rwabikwano (Bugesera)	UL 42
	IRRI 5
	IRRI 28
	UL 12
	UL 2
Bugarama	LL 67 (Mbaturabukungu)
	LL 72 (Jyambere muhinzi)
	DHL 203 (Kigega)
	NPT 41 (Mbangukira)
	DHL 189 (Kungahara)
Cyabayaga	LL 29
	UL 13
	UL 38
	UL 62
	320
	IRRI 6
	IRRI 48
Cyiri	ZHONG GENG
	YUN YINE
	INSIDAGIRABIGEGA
	GAKIRE

Anexo 2: Comprimento do gel das variedades de arroz

Código da variedade/Nome	Comprimento (mm)
UL 42	5
IRRI 5	5
UL 13	4
IRRI 28	4

UL 12	4
UL 2	4
LL 67	4
LL 72	5
DHL 203	5
NPT 41	4
DHL 189	4
UL 38	3
UL 62	5
320	5
IRRI 6	4
IRRI 48	5
LL 29	4
ZHONG GENG	5
YUN YINE	4
INSIDAGIRABIGEGA	4
GAKIRE	5

Anexo 3: Correlações entre as caraterísticas qualitativas do arroz

		Coeficiente de correlação de Pearson	**Nível de significância a 0,01 (bicaudal)**
Comprimento do arroz (mm)	Largura do arroz (mm)	-0.514	0.017
	Forma de almofada	0.828	0.000
	Arroz com cabeça (%)	0.468	0.033
	Grau de moagem (%)	0.360	0.109
	Recuperação da moagem (%)	-0.153	0.508
	Teor de humidade	-0.172	0.455

Largura do arroz (mm)	Forma de almofada	-0.893	0.000
	Arroz com cabeça (%)	-0.580	0.006
	Grau de moagem (%)	-0.700	0.000
	Recuperação da moagem (%)	0.079	0.734
	Teor de humidade	0.176	0.446
Forma de almofada	Arroz com cabeça (%)	0.592	0.005
	Grau de moagem (%)	0.609	0.003
	Recuperação da moagem (%)	-0.080	0.731
	Teor de humidade	-0.259	0.257
Arroz com cabeça (%)	Grau de moagem (%)	0.813	0.000
	Recuperação da moagem (%)	0.320	0.157
	Teor de humidade	-0.119	0.606
Grau de moagem (%)	Recuperação da moagem (%)	0.122	0.598
	Teor de humidade	-0.190	0.409
Recuperação da moagem (%)	Teor de humidade	0.051	0.827

Printed by Books on Demand GmbH, Norderstedt / Germany